U0120187

如果我们可以
不通过消费获得快乐

[英] 约翰 · 塞拉斯 著
修玉婷 译

中国友谊出版公司

哲学的疗愈力量

走出价值死胡同

约翰·塞拉斯，伦敦大学皇家霍洛威学院哲学讲师，牛津大学沃尔夫森学院成员，“现代斯多葛学派”的创始人之一。“斯多葛主义周”是一个全球性的年度活动，邀请公众“像斯多葛主义者一样生活一周”，看看这会如何改善他们的生活。

前言

要过上幸福的生活，我们真正需要的是什么？许多人花费了大把的时间和精力，一直在努力争取那些他们自认为需要的东西，并相信这些东西能让他们过上好日子。但是，有多少人停下来思考一下，我们到底需要什么东西来获得满足？两千多年前的古希腊哲学家伊壁鸠鲁已经思考过这个问题了。他思考了我们真正的欲望是什么，以及为了满足真正的欲望，我们需要去做的事和没必要去做的事。他的答案似乎很简单：快乐。我们真正需要的就是快乐。现今社会，人们经常会把"伊壁鸠鲁主义"[1]跟享用美酒佳肴、贪图身体欲望和放飞自我、颓废堕落联系

1. 也译作快乐主义。不同于追求感官体验、纵欲的享乐主义。——译者注，下同

在一起。可这些跟伊壁鸠鲁主义者最初所提出的快乐生活根本不是一码事。比起肉体快乐，伊壁鸠鲁更注重心理上的快乐，或者说，他更倾向于避开痛苦，直接追求快乐。他憧憬的理想人生并不在于满足肉体欲望，而在于达到一种没有任何心理痛苦的状态。他将这种状态称为“不动心”（ataraxia），这个词的字面意思就是“没有烦心事”，但我们最好把它理解成“平静”。伊壁鸠鲁提出，这才是我们真正应该追求的人生目标，而且他声称知道如何把这个目标实现得最好。

那我们怎样才能克服心理上的痛苦，达到这种平静的心态呢？伊壁鸠鲁认为，我们首先要找出焦虑的成因，然后找出能表明那些焦虑纯属无中生有的证据。毕竟我们没有充分的理由去担心自己要做的事。伊壁鸠鲁找到了导致人们感到痛苦的四个根源，并提出了相应的方法来化解它们。这也是伊壁鸠鲁的学说被后来的一位伊壁鸠鲁主义者称为“四重疗法”的原因。

几个世纪以来，伊壁鸠鲁学说发展得不算顺利。人们把伊壁鸠鲁主义跟无神论、伤风败俗和贪图感官享乐联想起来。因此，在很长的一段时间里，人们把它妖魔化，当成危险的、腐败的学说。这或许是伊壁鸠鲁主义被“黑”得最惨的一次了。伊壁鸠鲁提倡以简单快乐为基础的适度生活，是为了让人不管在何时何地都能保持内心宁静。伊壁鸠鲁主义想要传达的是，其实你已经坐拥你所需要的一切，只是你没注意到而已。一旦你意识到这一点，所有的焦虑都会烟消云散。

这本书跟我另一本书《我们可以坦然接受不可控并尽力而为》之间的关系，究竟是姊妹篇还是对立面，完全取决于读者你的看法。伊壁鸠鲁跟斯多葛主义的创始人芝诺是同时代的人，伊壁鸠鲁主义和斯多葛主义这两个学派在古代经常被视为对立的两方。没错，双方的确经常凑在一起争论问题。斯多葛主义者提倡培养美德，认为自然是理性有序的；伊壁鸠鲁主义者则崇尚快乐，认为自然是混沌的、偶然的产物。然而，他们也有很多共通之处：这两个学派都认为，我们所有的知识都来自感官，一切存在的都是物质的，以及人会随着肉体的消亡而消亡；他们一致认为，美好的生活不需要大量的物质财富，人生中最重要的是获得一种平静的心态。古代的斯多葛主义者塞内加认为伊壁鸠鲁和罗马的伊壁鸠鲁主义者、诗人卢克莱修的一些观点拥有普世价值，因此他俩的观点经常被引用。十九世纪初，歌德[1]提出"有些人的气质一半是伊壁鸠鲁主义，一半是斯多葛主义"的观点，从而打破了这两个学派根本不兼容的传统论调。最近，艾伯特·埃利斯[2]——理性情绪行为疗法的创始人——将伊壁鸠鲁与斯多葛主义者爱比克泰德、马可·奥勒留并称为现代认知心理疗法的古代先驱。

如今，伊壁鸠鲁学说仍能赋予我们许多启示。在这个全民焦虑的时代，伊壁鸠鲁学说给我们指明一条通往内心平静的道路；在这个被消费主义笼罩的时代，伊壁鸠鲁学说促使我们重新思考，我们到底需要多少东西才能过上好日子；在这个社会个体孤立化日益严重的时代，伊壁鸠鲁

1. 德国戏剧家、诗人、自然科学家。
2. 美国临床心理学家。

学说提醒我们重视友谊的价值；也许最重要的是，当我们被各种错误信息所包围时，伊壁鸠鲁学说仍然坚持追寻质朴的真理。

目　录

第一章 / 用哲学疗愈 1

第二章 / 走上内心平静之路 15

第三章 / 这就是你需要的 29

第四章 / 友谊让人快乐 41

第五章 / 研究自然大有裨益 53

第六章 / 别害怕死亡 67

第七章 / 万物皆可“原子化” 79

结语 91

拓展阅读 99

参考文献 104

出版后记 112

第一章

用哲学疗愈

“哲学家的话语如果不能用来疗愈人类的痛苦，那便是假大空。”哲学家伊壁鸠鲁如是说。

伊壁鸠鲁，公元前四世纪中叶生，生长在希腊的萨摩斯岛。伊壁鸠鲁生平第一次对哲学产生兴趣是在青年时期：当时学校老师没能讲清楚赫西俄德[1]诗歌的主旨，这令他大失所望。由于父母都是雅典人，伊壁鸠鲁自然继承了他们的身份，也成了雅典公民。在年满十八岁后，伊壁鸠鲁回到了老家雅典，好像是为了回去服兵役，履行雅典公民应尽的义务。就在伊壁鸠鲁即将离开老家的时候，他们一家人和其他雅

1. 古希腊诗人，代表作有《工作与时日》《神谱》。

典移民被驱逐出萨摩斯岛，而他这时发现，自己已经在外漂泊有些年头了。有那么一段时间，伊壁鸠鲁就住在莱斯博斯[1]岛上的米蒂利尼，他在那里开启了哲学课程的教学生涯，还遇到了他后来的毕生好友赫尔马库斯。然而，伊壁鸠鲁的雅典式公开哲学[2]并没有为当地人所接受。于是他和赫尔马库斯，也许还有其他一些人搬到位于小亚细亚半岛上的兰萨库斯，也就是特洛伊古城的附近。多年后，伊壁鸠鲁在那里建立了一个学园，并逐渐拥有一批忠实的追随者。鉴于之前在米蒂利尼的经验教训，这一次，他们坚守住了自我。最终，这群志同道合的人决定搬去雅典，前往伊壁鸠鲁在雅典城外买下的那块地。伊壁鸠鲁和自己的好友，以及一批新的追随者一起生活在雅典城外的那片土地，过上了一种自给自足的简单生活——这就是后人口中的“花园派”。此后，花园派作为

1. 爱琴海的岛屿，临近土耳其，是希腊最富庶的地方之一，以诗歌艺术闻名世界，也是著名女诗人萨福的家乡。
2. 当时雅典公民的政治生活和日常生活都是自由而公开的，包括对哲学的探讨。

一个哲学团体繁荣延续了两百多年。直到公元前一世纪初期，花园派才画上句号——罗马将军苏拉对雅典城长期围攻，致使伊壁鸠鲁的花园成了断壁残垣。不过，伊壁鸠鲁主义者后来还是住在雅典城里。

伊壁鸠鲁亲自经营这个哲学团体大概有四十年的时间。他带领这个团体实现了一种简单的、共同的生活。尽管有其他古代哲学家提出，朋友之间应该共享财产，但伊壁鸠鲁的花园不是公社，每个人都保留了自己的私人财产。稍后我们将会发现，这一点对伊壁鸠鲁独特的友谊观来说是很重要的。伊壁鸠鲁约定，过世后把他的整个花园和藏书室都留给挚友赫尔马库斯，还让赫尔马库斯接下掌管花园派的重任。后人为了纪念伊壁鸠鲁，将他的诞辰设立成一个固定的节日，还专门为他建造了雕像。人们对伊壁鸠鲁的崇拜逐渐发展起来，就像有人崇拜佛陀一样。老普林尼[1]称，崇拜伊

1. 古罗马作家，代表作有《自然史》（亦译《博物志》，37 卷本）。

壁鸠鲁的狂潮刮向罗马，罗马人会在伊壁鸠鲁诞辰那天献祭，还将伊壁鸠鲁的小画像随身携带。这可能让伊壁鸠鲁学说听起来更像是一场宗教运动，而不像是一种基于冷静和理性的哲学。其实，不管是崇拜伊壁鸠鲁还是崇拜佛陀，这些都是普通人表达敬仰的行为，他们只不过以此向大众宣扬克服人类苦难的种种建议。

在表达敬仰方面，伊壁鸠鲁的追随者有时候可能过于偏激了。在伊壁鸠鲁首次前往雅典的五百多年后，一位来自吕基亚（位于今土耳其西南部）的一个小镇的追随者砌起了一堵巨大的墙，还盖了一条柱廊，他在柱廊上刻下了哲学家的话，供人们阅读。这位年老的追随者就是第欧根尼[1]。虽然这堵墙已经不复存在，但这堵墙的许多砖块还散落在小镇奥诺安达的废墟周围，而且有一部分原始铭文已经得以重现。有人估算，这堵墙原来长四十多米。第欧根尼不仅用自己的话把伊壁鸠鲁哲学刻在墙

1. 古希腊哲学史家，不同于犬儒学派的那位第欧根尼。

上，还把伊壁鸠鲁的原话刻了上去。那他为什么要这么做呢？这么做的花费肯定不小。好在，第欧根尼在碑文的开头就写明了原因：他这么做是为了帮助同胞，他认为伊壁鸠鲁的哲学疗法可能对大家都有益。他写道，大多数人“都患有一种常见的疾病，就是对事情有错误的看法”。第欧根尼认为，这种混沌的认知会无休无止地扩散，人们甚至会像生病的绵羊一样互相传染。这些铭文是为了提供疗愈的方法，他认为伊壁鸠鲁的哲学是一剂拯救错误信仰的良药。第欧根尼确信自己拥有良药，因为他和其他伊壁鸠鲁主义者早已试验过：

我们已经成功驱散了那些无缘无故的恐惧，完全消除了那些莫名产生的痛苦，同时将那些自然产生的痛苦削减到低得不能再低的程度。

第欧根尼对伊壁鸠鲁哲学的描述是以信件的形式写成的，其中一封是关于物理学的，另一封是关于伦理学的。他沿袭伊壁鸠鲁的习惯：总结自己的核心观点，然后把这些哲学思想写进信里，寄给朋友们。现在有三封出自伊壁鸠鲁的信件留存下来：一封是写给希罗多德（与著有《历史》的著名历史学家同名）的，里面概括了一些物理理论；一封是写给匹索克勒斯的，涉及气象学的内容；还有一封是写给美诺寇的，涉及伦理学，还笼统地探讨了如何过上美好、快乐生活的问题。这些信件后来成了我们了解伊壁鸠鲁思想的最重要来源。

在伊壁鸠鲁《致美诺寇的信》开头的几行里，伊壁鸠鲁说自己的哲学能从根儿上疗愈人类的心灵顽疾：

不要因为年轻就拿学习哲学不当回事，也不要因为年长而认为学习哲学太累人，寻求心理健康从来没有不合时宜之说。

“心理健康”的概念——字面意思是“灵魂的卫生状况”——其实就是这个意思，没什么新鲜的含义。伊壁鸠鲁继续在信中解释，哲学一直都很重要，因为这是唯一能帮助我们获得幸福的手段，而幸福是我们所有人唯一追求的东西。他补充道：“当我们拥有了幸福，我们就拥有了一切；当我们不幸福，我们会想方设法去获得幸福。”

哲学家能带来关于获得幸福的真理吗？在伊壁鸠鲁看来，关键是要获得一种冷静、平和的心态。那我们如何实现？伊壁鸠鲁认为，可以通过走出欲望受挫和焦虑未来的双重困境来实现，而他的哲学恰好就是治愈这两种内心不安的一剂猛药。他提出，要是吃透他的哲学观点，人们就能得到梦寐以求的幸福。

从这个意义上讲，伊壁鸠鲁哲学的确称得上是一种心理疗法。就像我们先前提过的，艾伯特·埃利斯认为伊壁鸠鲁主义作为一种认知心理疗法，与斯多葛主义、佛教不谋而合：它们都认为情绪困扰是世界观的产物，是可控的。如果是这样，那为什么伊壁鸠鲁要写关于物理学和气象学的信？这些学科又跟心理健康存在什么关系呢？答案很简单：许多恐惧和焦虑产生的原因是人们没能看透事物的本质。不管是为了自身的繁荣发展去操办什么，还是凭空想象出一些根本不存在的威胁，其实都是不了解自己到底需要什么的表现。伊壁鸠鲁坚称，对世界的运转法则有所了解，才能变得自由。

在伊壁鸠鲁的众多追随者中，最出名的一位就是卢克莱修。他的核心思想是，物理学的研究应当在治疗心理障碍方面发挥核心作用。我们不太了解卢克莱修的生活，只知道他是罗马人，生活在公元前一世纪，可能住在那不勒斯湾那片儿，可能加入了一个较大规模的伊壁鸠鲁主义团体。他唯一留存于世的作品是一首诗——《物性论》，献给维纳斯女神，主要致力于解释和捍卫伊壁鸠鲁的物理学理论。他将这首诗寄给了梅米乌斯——我们猜测是罗马的政治家盖乌斯·梅米乌斯，卢克莱修的金主，曾接手伊壁鸠鲁在雅典的房屋遗址。

卢克莱修的诗主要涉及自然主义——具体来说就是原子论——能解释一切事物，从宇宙的构成到人类技术的发展（我们稍后再讲原子论）。然而，这首诗有一个显著特点，卢克莱修经常提醒他的读者，他之所以愿意尝试理解自然世界，是因为理解的过程能带给他疗愈的效果。

《物性论》自始至终的劲敌就是迷信——那些错误又混乱的信仰根本无法对人们的行为提供丝毫帮助。正如卢克莱修在第一卷的开头写的那样：

> 驱散心头的恐惧与阴暗的心情，不能靠太阳的光芒和白日的明亮，而要靠对自然的本质和规律的认识。

卢克莱修一定认为这几句话很重要，他后来在诗中又逐字重复了三遍。他还在其他地方提过，只有理性能抚慰那些让我们辗转反侧的焦虑和恐惧。理性之所以能做到这点，是因为它能揭开“事物的真相”，而这些理性而科学的描述性诗句，就跟医生给药物裹上糖衣是一个道理。哲学就是以这样的方式改变了我们的生活，卢克莱修因此把哲学赞颂成人类最伟大的创造物——甚至比农耕的发明更伟大！——没有哲学，人们就不可能过上快乐而平静的生活。

卢克莱修可不是罗马唯一的伊壁鸠鲁主义者，别忘了，他可能参加过那不勒斯湾附近的一个伊壁鸠鲁主义团体。这个团体的主要人物之一是伊壁鸠鲁派的老师西洛，他把诗人维吉尔也算作自己的学生。在西洛过世后，维吉尔便继承了他的房子。从维吉尔早期的诗中，我们可以发现他的一些观点跟卢克莱修非常相似：

知晓万物起源

无畏世间恐惧

踏破不屈之命运、贪婪之地狱

如此之人方可拥有快乐

受伊壁鸠鲁主义观点影响的，还有罗马著名诗人贺拉斯。这一点在他的《讽刺诗集》中体现得尤为明显。维吉尔和贺拉斯都受到菲洛德穆的影响。菲洛德穆是一位诗人兼伊壁鸠鲁主义哲学家，他也住在那不勒斯湾附近，我们稍后再介绍他的事迹。除了这些文艺人士，伊壁鸠鲁学说的崇拜者中还有罗马的政界人士，像布鲁图和卡西乌斯，历史上记载他们参与了暗杀恺撒大帝的行动。此外，似乎有证据表明恺撒的岳父，卢修斯·卡尔普纽斯·皮索支持伊壁鸠鲁学说。他在那不勒斯湾有一栋别墅，就在赫库兰尼姆城，距离庞贝城不远，那里可能是当地伊壁鸠鲁主义团体的一个根据地。皮索很可能是这群伊壁鸠鲁主义者的背后金主，尤其可能是菲洛德穆的金主。他在别墅的图书馆收藏了伊壁鸠鲁学说各种各样的作品，其中多数是菲洛德穆的作品，只有一部分是伊壁鸠鲁本人的作品。

正是远离了罗马日常钩心斗角的环境，身处于意大利海岸这种田园牧歌的环境中，卢克莱修、维吉尔、菲洛德穆，以及其他伊壁鸠鲁主义者才会试图重现花园派当年所追求的精神。他们继承了伊壁鸠鲁的主要观点，即哲学是一种疗愈方法，而救赎源自理解万物。

第二章

走上内心平静之路

在现代英语中，“伊壁鸠鲁主义者”是指那些偏爱享受美酒佳肴等肉体欢愉的人。就算听到有人说伊壁鸠鲁主义者是贪婪的猪，也不是什么新鲜事。即使是在古代，人们也常常把伊壁鸠鲁主义者跟猪联系在一起。就连诗人贺拉斯也在给好友的信中，自嘲“又肥又壮，是伊壁鸠鲁牧群中的一头阉公猪”。还有一位古代评论家散布谣言说，伊壁鸠鲁暴饮暴食，一天能吐两次。另一位评论家则认为，所谓的哲学家及其追随者与妓女有染。斯多葛主义者指责伊壁鸠鲁是“娘娘腔”。然而真相是，伊壁鸠鲁过着极其简朴的生活，平日粗茶淡饭，偶尔吃点儿奶酪都算豪华大餐了。

那么，这些不良名声从何而来？这是因为

伊壁鸠鲁对外声称，快乐是美好生活的关键因素。快乐是好的，痛苦是坏的，所以我们要追求快乐，避免痛苦。伊壁鸠鲁称，这既是我们活着的动力，也是我们行动的目标。我们追求快乐和避免痛苦的原始动力，也是我们所有行动最终要达成的目标。问题是，我们常常把事情复杂化。实际上，生活很简单：不外乎追求快乐，避免痛苦罢了。

这听起来也太简单了，可能都过于简单了。实际上，伊壁鸠鲁的观点比上述宣言微妙和复杂得多。他将快乐划分成许多不同的类型。其中最重要的就是他所说的一种介于动态和静态之间的快乐。我们可以理解成，从过程或行为中获得的快乐和处于一定状态或条件下获得的快乐——“做”和“存在”之间的那种快乐。举个例子，我们区分得出进食时产生的动态快乐和饱腹后随之产生的静态快乐。即使我们很享受吃的过程，伊壁鸠鲁还是认为，吃是为了达到不饿肚子的状态。我们的目标并不是享受进食带来的快乐，而是战胜饥饿带来的痛苦。从这个意义来说，伊壁鸠鲁学说跟现代所谓“享乐主义者”陶醉于口腹之欲的形象大相径庭。我们的目标虽然是快乐，但不是愈发主动地获得快乐，而是要实现一种心满意足的静态快乐。这不是吃东西的乐趣，而是不饿肚子的满足感。对伊壁鸠鲁来说，不饿肚子不仅仅是不再痛苦（听起来像是一种相当平淡、中立的状态），它本身就是一种快乐。伊壁鸠鲁认为，我们无法完全封锁自己的感受，因为快乐和痛苦之间没有中立的状态。因此，不痛苦就相当于过得快乐，而没有任何快乐可言就等同于一直身处苦海。

还有一点很重要。主动的快乐在数量上是有差异的——你可以吃得多一点儿，再多点儿，但当你吃饱了，感觉不到饿的时候，你的满足感是不会发生变化的。你一旦吃饱了，就是吃饱了，就算你继续吃，你也不会变得更“不饿”。你不会再增加任何的静态快乐。实际上，你最后可能会吃得消化不良，你会感到痛苦，而不是快乐。因此，伊壁鸠鲁提出，追求快乐要有一个明确的限度。当一个人达到了静态快乐的状态时，就达到了这个限度。就像伊壁鸠鲁说的："当出于欲望而产生的痛苦被消除后，肉体快乐便到达顶点，再也不会增长了；接下来的肉体快乐只是形式不同罢了。"换句话说，一旦我们不再感到饥饿，再多的食物也只是给我们带来多样的形式，这与克服饥饿这种基本需求所带来的痛苦相比太肤浅了。说到底，追求快乐其实就是追求不痛苦——不饿肚子、不挨冻、不生病，以及避免其他一切能避免的痛苦状况。话说回来，伊壁鸠鲁主义的快乐跟暴饮暴食毫不沾边儿。这是一种适度的态度，旨在知足。

到目前为止，我们只讨论了肉体上的快乐和痛苦：进食所带来的动态快乐和不饿肚子带来的静态快乐。虽然伊壁鸠鲁认为这些基本的肉体快乐是其他一切的基础，但他其实更关注我们的精神世界。饿肚子这种肉体痛苦固然不是什么好的体验，可如果饿得不是很厉害的话，还是能忍受的，至少能忍那么一会儿。而像恐惧或焦虑这样的精神痛苦就不一样了，它们会让人变得虚弱，还会戕害一个人的一生。于是，伊壁鸠鲁就把视线转移到了这些问题上。

伊壁鸠鲁之所以关注精神快乐和痛苦，其中一个原因是他对那些真正困扰我们的事情再三深思。对于恐惧牙医的人来说，去看牙医这件事本身让他们承受的心理压力比坐在椅子上接受麻醉、等待被电钻钻牙所承受的心理压力更大。我们大多数人明明拥有一切，却要花费大量的心力去担心未来不够富有。与此同时，真正的肉体痛苦——脚趾骨折或背疼——通常是短时间内造成不爽，没多久就被人一股脑儿忘了。其实我们很擅长应对肉体痛苦，但仍然会想办法给自己制造大量的精神痛苦，为未来不可知的肉体痛苦忧心忡忡。可见，我们的痛苦是内在的，而且是由我们亲手制造的。不过，这至少意味着我们有能力去解决这些痛苦。

同样，肉体快乐是转瞬即逝的。一顿美餐，你顶多能记一天。但是在餐桌上与朋友相谈甚欢的那种精神快乐，你或许能记一辈子。光是回想那个觥筹交错的场景，就能给此时此刻的你带来更多的精神快乐。所以，在痛苦与快乐并存的情况下，精神因素对我们的生活品质起着至关重要的作用。

按照伊壁鸠鲁的说法，快乐分为四种不同的类型：动态的肉体快乐，如进食；静态的肉体快乐，如不饿肚子；动态的精神快乐，如与朋友谈笑风生；静态的精神快乐，如不受任何事的干扰。伊壁鸠鲁称，以上这些快乐本身都是好的，其中最重要的是最后一种：静态的精神快乐——不焦虑、不担心、不害怕。其实，这就等同于精神上的不饿肚子。伊壁鸠鲁用了“不动心”这个词来形容这种状态，字面意思是“没有烦心事”，更常见的翻译是“平静”。

平静——精神不被干扰，才是我们真正需要的东西。如果可以的话，我们当然也希望避免肉体痛苦。在伊壁鸠鲁主义者的眼里，这本质上也是一件坏事。但伊壁鸠鲁认为肉体上的痛苦更容易忍受。我们可以采用以精神快乐平衡肉体痛苦的方法来解决这个问题。举个例子，长假到来，我们会到那些新颖有趣的地方逛上整整一天，到头来可能走得腰酸腿麻、头痛欲裂。可这些痛苦很快就能被这一天的精神刺激所抵消，最后我们会把这一天的行程视作一次积极而快乐的体验。

因此，从某种意义上来说，伊壁鸠鲁主义者是在权衡不同的快乐和痛苦，以便把握精神的整体状况。这个权衡的过程有时被称为“快乐积分”[1]。伊壁鸠鲁认为，我们经常放弃眼前的快乐或毫无怨言地忍受痛苦，是因为我们知道，从长远来看，这么做是值得的。一想到眼前的快乐将带来痛苦，我们自然会拒绝眼前的快乐。“快乐本身并不坏，”他提出，“但在某些情况下，那些能带来快乐的事比快乐本身更容易引起我们的困扰。”同样地，如果我们认定眼前的痛苦会为以后换取更多的快乐，哪怕

1. 实用主义提出的“苦乐计算”，即快乐和痛苦是有一定份额的，我们会在行动之前计算快乐的总值和痛苦的总值，然后选择快乐总值较多的那个行动方案。

以后能避免那些较大的痛苦，我们也甘愿忍受。因此，就算每一种快乐都是好的，也不意味着每一种快乐都值得追求。这种快乐会在我们进行判断和估算的反思过程中骤然倒塌。但是，问题的关键在于伊壁鸠鲁认为精神快乐比肉体痛苦更有价值，所以我们的注意力应该主要放在精神生活上，而不是如今人们口中“享乐主义”所提倡的肤浅的肉体快乐。伊壁鸠鲁认为，即使是已经成为过去的回忆里的快乐，也完全足以抵消那种瞬间强烈的肉体痛苦。就像贺拉斯在他的伊壁鸠鲁时刻[1]所说的：“至上的快乐并不在于享用多么昂贵的香氛，而在于你自身。”毫无悬念，香氛蜡烛并不是你要找的答案。

伊壁鸠鲁还提出，要帮助他人摆脱肉体痛苦。他认为，痛苦一般可分为两类：强烈的短痛和轻微的长痛。不管是哪种情况，知晓疼痛是短暂的或轻微的都能帮我们减缓痛苦带来的

1. 指处于静态的精神快乐的状态中。

精神焦虑，如担心自己扛不住疼痛。在一些罕见的情况下，强烈的疼痛的确会维持一段时间，疼痛——不管是什么引起的——都有可能致命，而我们无论如何最好是速战速决。这听起来可能不怎么像是安慰的话，却是伊壁鸠鲁主义的重要观点，我们不应该畏惧肉体痛苦。我们可以学着与疼痛的肉体相处，但不太可能忍受任何一种长时间的极端疼痛。疼痛本身是可控的，可一旦放在精神快乐对面的秤盘上，它立马就没有存在感了。

话说回来，在追求快乐方面，伊壁鸠鲁主义终归不同于“享乐主义”那种夸张的生活方式，伊壁鸠鲁学说提出了一种更复杂且更精致的生活蓝图。伊壁鸠鲁在《致美诺寇的信》中写过，快乐的生活并不是追求美食佳肴或声色犬马：

反之，快乐的生活应该是清醒思考的结果——考虑清楚每一个选择和每一种厌恶背后的原因，扔掉那些事关神灵和死亡的错误观点，毕竟它们才是精神失调的根源。

随后我们再谈神灵和死亡的问题。在理解它们之前，我们得考虑自己的选择和厌恶之事，也就是说，我们得考虑自己到底需要什么才能过上美好的生活。我们已经知道了，不管外在事物有没有必要拥有，具备反思性的哲学思维是无可厚非的生活基石。这个基石有多么强大，多么具有可变革性，伊壁鸠鲁丝毫不质疑。他在《致美诺寇的信》中强调这个基石的重要性：

与志趣相投的人在一起，可以不分昼夜地思考各种各样的问题。如此一来，不管是醒着还是睡着，你都永远不会知道焦虑的滋味，你在人堆里都会活得跟个神一样。

第三章——这就是你需要的

什么能让你过上快乐的日子？一个属于自己的住处，一辆好车，还是一份不错的工作，以便让你消费得起上述商品？我们自认为需要的东西可能与别人大不相同，这取决于我们是谁，我们拿自己跟谁比较，以及社会给予我们的期望。几年前，英国一家国家级报社报道的一则新闻讲述了伦敦一对中产阶级夫妇的悲惨遭遇，他们拿着十五万英镑的年薪（约为全国人均收入的五倍）勉强度日。不出所料，他们的经历没有博得多少同情，尤其对那些每天盼着挣这么多钱的读者。我们自认为需要的东西看起来是十分主观的，而且跟特定的条件息息相关。

这类情况并不鲜见。公元前一世纪，罗马

的贺拉斯也考虑了相同的问题。他提出，似乎没有人对自己所拥有的一切感到开心。人的欲望无穷无尽，拥有的越多，渴望的就越多，甚至还会嫉妒那些比自己拥有更多东西的人：

“没有什么所谓的足够，”人们都说，“你拥有的东西就是你自身的价值。”你能拿这样的人[1]怎么办？你可能会劝他过得艰苦一点儿，但你可曾知道他正在“享受”欲望带来的痛苦？

想象一下，贪婪和嫉妒让自己始终处在痛苦的状态下——那还活个什么劲儿？为此，贺拉斯提出，如果我们真的想方设法地通过挣更多钱来克服这种恐惧，那么，我们将迎来新的焦虑：

难道你宁愿半死不活地躺在床上，日夜担

1. 指前文所说的那些欲求不满，甚至对他人心生嫉恨的人。

惊受怕，害怕被偷，害怕被烧，害怕自家的奴隶加害自己，然后逃逸吗？

贺拉斯补充道，如果物质上的成功会带来这样的“福气”，那么穷一点儿也无妨。问题在于，人们对财富的追逐是无止境的：无论我们拥有多少财富，总会觉得不够。我们到底需要多少财富，才能摆脱因拥有得不够多而产生的恐惧？

伊壁鸠鲁解决这个问题的方法是重返事情的本质。我们真正需要的是什么？维持肉体生存的必需品又是什么？食物、水、遮风避雨的场所——也就这些了。这些是本能所需。伊壁鸠鲁称这类欲望是“本能的且必需的”。可如果你想要的不仅仅是个避风港，而是专属自己的庇护所，位于小镇的好地界，也许还带一个漂亮的新厨房呢？那如果你想要的不光是果腹，而是可口的创意菜式，再配上一杯像样的红酒呢？伊壁鸠鲁会说，这些你都可以要啊，而且要得非常合理。对这些东西的渴求显然是从对食物、水及庇护所这些更为基本的本能欲望中衍生出来的，即使已经远远超出了绝对必要的范围。伊壁鸠鲁称这类欲望为“本能的，但不必要的”。拥有这类事物也挺好的，但就算没有，你也一样能过得很开心，不只是你，无数人都能。

还有，我们自认为过上好日子所需要的东西，会让一些人花费不菲：最新款的科技产品、珠宝和名表，等等。对伊壁鸠鲁来说，这类东西属于第三类欲望，即“非本能的且不必要的”。我们非但不需要这类事物，而且它们在满足本能欲望上也起不到什么作用。

所以，你需要的是什么？对伊壁鸠鲁而言，答案显而易见。你只需要那些本能且必要的事物，剩下的那些都是面子工程罢了。你需要的东西其实非常少，正因为这样，这些东西才得来全不费工夫。伊壁鸠鲁写道：“大自然的财富是有限且易得的，而那些以财富为重的缥缈看法是无穷无尽且永远抓不住的。”我们在可悲的现实中观察到，一些生活在发达国家的人尚要为糊口而奔波，更不用说生活在其他地方的人为谋生计得遭多少罪。我们许多人都很幸运，不至于真正遭遇完全吃不上饭的情形。相反，我们总是把精力花在那些伊壁鸠鲁认为不必要的事物上。当然，这并不意味着我们一点儿“面子工程”也不应该讲究。伊壁鸠鲁提出了两个想法。首先，如果由于没得到那些我们本身就不需要的东西而变得过度沮丧，那就太愚蠢了，尤其是当我们把最终目标定为度过快乐、平静的一生时，过度沮丧会令我们迷途、妥协。其次，如果懂得我们真正需要的东西其实很少，而且唾手可得，将清除我们对自认为应得而未得的事物而产生的焦虑。这种知识本身就有利于精神获得平静，会让我们顿时感觉压力全无。伊壁鸠鲁写道：“懂得美好生活有边界的人，知道如何消除欲望所带来的痛苦，也知道铸就完美生活的事物实则轻松易得，因此他无须为成功而奋斗。”

在这层意义上，伊壁鸠鲁想限制我们的欲望，就像他限制我们追逐快乐一样。在这两种情况下，其实都有可能找出“足够”的限度。我们可不要跳入所谓的“快乐水车”[1]陷阱，即为了获得更多快乐而不断地追求更多事物。正如伊壁鸠鲁本人所言：“对一个不知足的人来说，永远不会有满足一说。”实际上，我们所需的事物是有一个明确限度的：足够的食物以防饥饿，足够的温暖和庇护所可防严寒，等等。不仅如此，懂得我们的生理需求不难满足，本身就有利于消除我们心里大量的忧虑。从哲学反思中获得的知识是让我们气定神闲的关键。

不过，还有一个问题，那就是人很容易陷入那些本能却不必要的欲望中。我们许多人能在大多数时间里享受这些欲望，这是很幸运的。如果为了生存，你只能选择面包和水，那你能坚持多久？问题在于，当我们习惯于享受各种各样创意菜式后，一旦缺少了这些饭菜，

---

1. 是指加拿大裔心理学家菲利浦·布里克曼和美国心理学家唐纳德·托马斯·坎贝尔提出的“享乐适应”理论，即一个人的情绪会随着经历而变化，但很快就会恢复正常。就像买衣服让人快乐一时，却不能快乐一辈子，通过不断地买衣服来提升快乐，就像在水车上奔跑，看似在前进，其实一直在原地踏步，所以总觉得自己“没有衣服穿”。

我们便产生怨言。渐渐地，我们会把这些东西视作实现快乐的必需品，但其实它们并不是。不久之前，几乎没什么人会在早晨上班的路上买一杯咖啡；而如今，许多人或多或少地把咖啡当成日常必备。仅十年左右的时间，科技产品和服务如雨后春笋，我们的生活越来越离不开它们。有些东西成为必需品仅仅是因为我们熟悉和习惯了，真没想到我们接受新生事物的速度有这么快。当然，一些公司也非常热衷于宣传，说他们最新款的产品是生活中“必不可少”的加分项。一旦这些东西成了生活的一部分，它们很快就会让你感觉到，好像缺了它们就真过不下去了。

我们要怎么解决这个问题？一种方案是完全不用这些东西，采取一种极端禁欲的生活方式。这是一种避开陷阱的做法。有些人因为伊壁鸠鲁那种苦行僧的形象，所以提出我们应该完全避免不必要的东西，但我并不认为这是伊壁鸠鲁所提倡的。如果美食就摆在眼前，享受最棒的烹饪并没有什么错，只要别期待每顿饭都这么豪华就行。我们填饱肚子可能并不需要美食，但多样的美食会讨得我们的欢心。为了避免对美食朝思暮想，伊壁鸠鲁建议，每当有幸享受这些快乐时，我们要怀揣一颗感恩的心。有一种方式可以让我们养成适度感恩的态度，那就是不要过度纵欲，即使这样的机会近在咫尺。事实证明，温和的禁欲主义也许更稳妥。这不意味着，我们要每时每刻否定自己的快乐。相反，这是在鼓励我们节制消费，这样当我们放纵自己的时候，可能会感激这些不必要的快乐。问题并不在于享受，而在于把享受视为理所当然。伊壁鸠鲁曾亲自在给朋友的信里提过，面包和水在大多数情况下都足以填饱肚子，但偶尔来一小罐奶酪，也不失为一种奖励。

伊壁鸠鲁还认为，以这样的态度处理欲望会让我们变得更慷慨。聪明人会严格按照是否必要来调整自己的欲望，伊壁鸠鲁是这么写的："学会分享而不是索取——人们会发现，能够自足就意味着财力雄厚。"如果我们懂得自己所求不多，那么当拥有的东西比真实需要的东西还多的时候，我们会乐于跟身边的人分享，而这个过程便会加固友谊的纽带。

不仅如此，懂得自己所求不多还能确保我们的自由和自主。毕竟了解自己不需要太多，无须求助于他人，就不会欠任何人的情。伊壁鸠鲁的具体表述如下：

自由的人不能太有钱，因为不是每个人都能驾驭大笔财富，除非你是黑帮老大或一国之君。然而，这些人一直处于要什么有什么的状态，如果他们有机会变得很有钱，估计他们会毫不眨眼地把自己的财产分出去，以博得街坊四邻的好感。

因此，正是自足的简单生活守护了我们的自由。就像我们之前了解的那样，贺拉斯对财产如何引起人们的焦虑这个问题进行了反思，减少了我们的恐惧感。所有的一切加起来，看似为了避免肉体痛苦，结果反而变成了精神折磨，正如我们看到的那样，伊壁鸠鲁坚称这是一种更具有毁灭性的痛苦的形式。如果我们想摆脱这种焦虑，避免被空虚奴役，那么我们需要熟记，自己真正需要的东西很少，而且在大多数情况下，它们是很容易到手的。

第四章

友谊让人快乐

人活着远不止为了满足生理需求。许多人早就知道这点。对绝大多数人来说，自己与他人之间的关系是最紧要的，无论是朋友、家人还是伴侣。相比自己，其他人才是我们产生快乐生活的核心角色。

从一开始，伊壁鸠鲁就跟其他人一起践行着自己的哲学思想。他和朋友们一起在雅典成立了花园派，并将花园派当作一种团体生活的实验。其中，有不少朋友是跟他从兰萨库斯和米蒂利尼一起来的，他还有三个兄弟也加入了花园派。尽管伊壁鸠鲁提出我们不需要太多东西就能过上快乐的日子，但他似乎抱着很认真的态度对待每一个出现在自己生活中的人，和他们交往。实际上，关于友谊，他提出了一个引人入胜的描述，不仅向我们阐明友谊有时候很脆弱，也解释了友谊为什么非常重要。

首先，我们要思考，自己心中的朋友应该是什么样的，还有朋友、熟人、陌生人三者的差异是什么。伊壁鸠鲁是这么定义真朋友的：真朋友是你有所需的时候可以托付的人。反过来，如果你是别人的真朋友，那么你就是别人心中可以托付的人。朋友之间相互关照的方式，是不会出现在跟你没什么交情的熟人身上的。

因此，朋友是当我们需要帮助时，可以托付的人。当然，我们不希望自己经常赖着别人，但我们至少知道他们时刻都在。实际上，伊壁鸠鲁认为，这与直接给出实际性的帮助同样重要，甚至更为重要。当身陷囹圄时，知道自己可以求助于哪些人，其实是很关键的，即使我们很少或从来没有让他们真正帮什么忙。就像伊壁鸠鲁自己所说的，重要的不是直接给出的帮助，而是我们有信心，在自己需要帮助的时候，朋友会挺身而出。一旦知道自己随时能得到这样的支持，我们自然能大大地降低对未来的恐惧。

综上，如果把朋友仅仅当成对自己有用的人脉，那可能也算不上什么朋友。首先，支持必须是双向的：收到朋友的求助信号，我们必须第一时间给予支持，就像自己在最需要帮助的时候得到朋友的支持那样。然后，就是平衡的问题。有些人会不断向朋友寻求帮助或者期待朋友的帮助，这样做可能会超出朋友所能承受的范围。过度的索取也可能使得关系变成单方面的付出。还有一个极端的例子，就是有些人从来不向朋友寻求帮助或者在接受了朋友的帮助后，反而会疏远朋友。而且，如果他们之前从未接受过别人的帮助，那么当他们自己遇到困难、求助于人的时候，可能就会感到尴尬。所以说，支持是双方相互的。朋友之间在能力范围内具体能提供多少支持无疑取决于友谊的深浅，只要双方都认可自己的付出和收获是大体相当的就行。有些友谊包括不断地往来，经受实践考验以及给予精神支持；而有些友谊可能更保守一些。根据伊壁鸠鲁的说法，一份像样的友谊离不开一个不言而喻的条件，那就是遇到糟糕的事情时，你知道自己并不孤单。伊壁鸠鲁认为，最好的朋友不会把你们的友谊放在仅仅是相互支持的位置上，但他们也不会否认相互支持所发挥的作用。正如他所说，前者令友谊成为单纯的商业交易，而后者会毁掉你对未来所有的安全感。

以上这些应该能解释为什么友谊有时十分脆弱。友谊是一种复杂的平衡行为，这种平衡通常基于一些不言而喻的假设。我们可能不会明确地告诉朋友，自己会在他们遇到困难时及时伸出援手，我们甚至都不太会要求他们向我们保证，会在关键时刻支持我们。毕竟这些话很难通过语言传达。真朋友是不会把帮了这个人几次、帮了那个人几次记在小本子上的——这种行为把友谊作践成一种交易——但与此同时，如果付出只是单方面的，那么友谊可能会变得不平衡，最后沦落到支离破碎的地步。毫无疑问，在某些特殊情况下，这些原则并不适用，但总的来说，伊壁鸠鲁对友谊的反思似乎抓住了重点。相互关心和相互支持的关系，能够避免友谊变成纯粹的利益交换。

除了这种实际的支持，友谊也包括我们所说的精神支持，比如同情和宽容。贺拉斯在反思友谊的作用时提出，朋友之间可能更容易忽略彼此的缺点：小家子气的人会被说成“很会过日子”，而爱表现的人会被夸赞拥有“有趣的灵魂”。我们对朋友的小缺点和小错误宽容得很，还希望对方也能如此对待我们。贺拉斯写道：“我这个人不太聪明，如果做了错事，心地善良的朋友们会原谅我。”他补充道：“反过来说，我也很乐意对朋友们的小失误睁只眼闭只眼。”

为什么对伊壁鸠鲁来说，友谊如此重要？我认为，有两个原因让他注重友谊。第一个原因是，即使我们永远不需要帮助，但知道自己有难时可以求助于别人有利于减少对未来的焦虑。而消除焦虑能有效地实现伊壁鸠鲁的哲学目标：达到一种精神平静的状态。第二个原因与他对政治的更为广泛的思考有间接关联。

伊壁鸠鲁对传统政治抱有怀疑的态度。他并没有参与雅典的政治，但他劝告自己的追随者要“低调地生活”，而不是把自己卷入政治中。此外，他还对政治团体建立的制度持有怀疑态度。从许多方面来看，这基本是一种如今人们所说的“社会契约论”的含蓄说法。这个政治观念是这样的，人们甘愿服从于一个政治团体制定的正义法律，以保证自己的权益受到保护。就像比伊壁鸠鲁晚两千多年的托马斯·霍布斯[1]所说的那样，自然的状态就是“所有人对所有人的战争”，所以人们才聚在一起，形成了团体，并交出自己的部分自由换取大家共同的安全。伊壁鸠鲁认为，正义的概念就是这么产生的，是一种人们之间互不侵害的契约。按照这样的法律制度来管理一个团体，最终还是建立在猜忌和恐惧上——如果法律制度不能约束人们的行为，那么人们就会怀疑他人的动机以及害怕受到伤害。一旦法律制度建立

---

1. 英国哲学家、政治家，代表作有《利维坦》。

起来，人们就要遵守这个团体的规则，然而这也是出于恐惧——人们害怕违反规则会被抓，还会受到惩罚。伊壁鸠鲁认为，这个团体的根基并不牢固。相比之下，如果按照伊壁鸠鲁对友谊的观点来成立一个团体，这个团体将建立在相互关心和相互支持的基础上，跟正式的规则、条例相比，彼此间不言而喻的帮助反而更有保障。综上，这就是伊壁鸠鲁如此重视友谊的第二个原因：友谊能给一个团体带来一种完全不同于社会主流且更为积极的模式，这可能正是他自己的团体——花园派——所采用的模式。

我们很难确切地了解花园派是什么样的。但我们知道，这个团体对男性和女性都会热情款待，这也在雅典人之中落下话柄，他们可不知道花园的墙后发生了什么。花园派成员尽管生活在一起，但人们认为，他们仍然保留着自己的私人财产。伊壁鸠鲁在雅典城内也拥有一处自己的房子，那里很可能是他的私人住所。在人们看来，他对友谊的观点是一种为了保护私有财产的说辞。当然了，除了贡献财富，朋友们相互帮助的方式是多种多样的，就连伊壁鸠鲁的观点好像也是以这种帮助为前提。毕竟，如果朋友没有在你危难关头拿出必要的钱财资助你，那么他们该怎么缓解你陷入赤贫的危机呢？不管怎样，对我们来说重要的一点是，友谊对我们的物质和精神健康都起着至关重要的作用。

到目前为止，我们关注的是来自朋友的实际利益和物质利益。但还有一种更直接的方式，可以让我们从中获得一些重要的东西。我们获得的是跟自己喜欢的人待在一起而产生的简单快乐。我们都知道，有很多种方式可以获取这种简单快乐，从边吃晚饭边畅所欲言到一起静静地看电视，从亲密的浪漫邂逅到节假日或有体育赛事的日子里与趣味相投的人集体开派对。这种心理上的快乐本身是有价值的，因为它本身比原始享乐主义所提倡的那种肉体快乐更能给人满足感。最棒的是，这种快乐是不要钱的。当我们发现，生活中一些最棒的快乐是可以从朋友那里轻易得到的，这一点就会增加我们的满足感和自由感。友谊带来的所有好处都使得伊壁鸠鲁打破了他一贯的清醒，他在某一个欢乐的时刻里写道："友谊在全世界起舞，召唤我们每个人觉醒，到幸福中来。"伊壁鸠鲁坚信，在所有能促使我们实现幸福的事情中，友谊就是最最重要的。

第五章 研究自然大有裨益

既然哲学主要关注我们的心理健康，为什么伊壁鸠鲁还要重视对自然的研究呢？伊壁鸠鲁可不仅仅涉猎自然世界的理论研究，他还扎扎实实地写下了长篇大论。他的代表作《论自然》足足有三十七卷。直到十八世纪中叶，人们才在维苏威火山的废墟中发现这部宏伟巨著被毁于一旦。同样被维苏威火山埋葬的还有庞贝城和赫库兰尼姆城，它们是在公元七十九年那场著名的火山喷发中被埋葬的。人们通过挖掘赫库兰尼姆城的隧道，发现了一栋大别墅的遗迹，里面有许多宝藏，尤其有一个大型的莎草纸[1]卷轴图书馆。那栋别墅，如今被称为

---

1. 莎（suō）草，一种植物，其茎被古埃及人做成了纸。

帕比里庄园，很可能是恺撒大帝的岳父卢修斯·卡尔普纽斯·皮索曾经的家。

人们曾对那些已经炭化的莎草纸卷轴抱有希望，认为其中可能残存一些遗失的古典文学杰作，但经过辨认，人们对烧焦的文本很感失望，因为它们只是伊壁鸠鲁的哲学作品。即便如此，这项发现也具有一定的价值。早期的学者发现，这些残存的文本是伊壁鸠鲁先前遗失的书籍《论自然》，以及伊壁鸠鲁主义者菲洛德穆的一系列作品。

菲洛德穆最初来自盖达拉，也就是现今约旦西北部城市乌姆盖斯，距离加利利海不远。他出生于公元前一一〇年左右。在盖达拉度过童年后，菲洛德穆或许是为了接受教育而背井离乡，他先是去了亚历山大港，然后辗转去了雅典。在雅典，他师从西顿的芝诺[1]，当时芝诺是伊壁鸠鲁花园的园长。又不知为何，菲洛德

1. 叫芝诺的哲学家有好几位：来自埃利亚的芝诺提出了著名的“芝诺悖论”（如阿喀琉斯跑不过乌龟、飞矢不动等）；来自季蒂昂的芝诺是斯多葛学派的创始人；而来自西顿的芝诺是伊壁鸠鲁主义者，菲洛德穆的老师。

穆离开雅典——也许就在罗马围攻雅典，毁坏伊壁鸠鲁的花园之时——他前往意大利，好像在罗马逗留了一段时间后，选择在那不勒斯湾附近定居。有人认为，他可能从雅典带走了伊壁鸠鲁著作的副本，因为《论自然》的一个副本就是在帕比里庄园找到的，而那个副本的主人，正是菲洛德穆的老师芝诺。菲洛德穆的晚年似乎是在意大利的海岸度过的。几个世纪以来，人们一直认为他的主要贡献只是写了些名言警句，直到在赫库兰尼姆城的发现保住了他作为伊壁鸠鲁主义哲学家的重要声誉。

可以说，从烧焦的莎草纸卷轴里修复出伊壁鸠鲁的著作是一项艰巨的任务。第一位挖掘者甚至都没意识到自己挖出的是卷轴，那谁又能知道究竟哪些文字遗失了呢？人们只知道一些卷轴遭过火灾，有的被烧焦了，一碰就碎。当人们尝试打开那些烧焦的卷轴时，或多或少都会以毁坏卷轴而告终。直至那不勒斯国王向梵蒂冈图书馆寻求帮助，修复卷轴的任务总算取得一些进展：图书馆派安东尼奥·皮亚乔监督整个修复工程。终于，第一批修复得当的著作于一七九三年出版。英国的摄政王派来的牧师约翰·海特，设法打开了其中两百多个卷轴，并赶在熏黑的莎草纸碎成渣之前，将尚能阅读的部分抄录下来。海特抄录的一些手稿被送回英国，他的短暂一瞥现在成了我们对古代著作的唯一见证。其中有一篇，以十九世纪模糊的铅笔手稿的形式保存下来，如今由牛津大学图书馆收藏，里面写的是菲洛德穆对伊壁鸠鲁哲学的精髓所做的总结。这篇文本就是《四重疗法》——四种哲学疗愈方法，具体如下：

不畏惧神灵，
不挂虑死亡。
好东西易得，
坏东西能忍。

这四行诗文抓住了伊壁鸠鲁关于神灵、死亡、快乐和痛苦的关键，总结了伊壁鸠鲁《基本要道》的前四条内容。我们已经对这四行的后半部分有所领略，但这四行的前半部分“不畏惧神灵，不挂虑死亡”呢？对伊壁鸠鲁主义者来说，畏惧神灵和挂虑死亡是最常见的，也是最迫切需要疗愈的两种焦虑形式。我们将在下一章走进伊壁鸠鲁对死亡的反思。现在，我们先谈谈对神灵的畏惧。

谁曾想到，伊壁鸠鲁最初对这类畏惧的回应来自他对气象学的研究？他给好友匹索克勒斯写的整整一封信里都是关于这方面的内容。很显然，伊壁鸠鲁认为研究气象学尤为重要，也是因为他相信这有助于人们过上快乐的生活。他在信中写道，学习气象学这类东西不为别的，正是为了培养平静的心态。如果我们也祈求这份平静，那就需要了解事物的本质，而不能仅仅依赖于假设和偏见。

伊壁鸠鲁提出，万物都是由原子构成的，原子存在于无限的虚空中。这些原子通过随机碰撞聚在一起，形成大的聚集体。我们所在的星球和其他天体就是这样形成的。我们对身边事物的形成过程了解得越多，我们就越不会把事物的形成归因于某些未知和想象中的神灵。伊壁鸠鲁坚称，人们通过观察而获取的信息为他们的观点提供了大量的证据。这是我们必须接受的现实，因为“如果一个人跟自己清楚明了的感官证据做抗争，他永远都不可能获得真正的平静”。严格来说，伊壁鸠鲁承认自己拿不出直接的感官证据来证明原子存在，但他会说，原子理论提供了迄今为止最好的解释，解释我们确实通过感官体验到的世界，而这就是我们应该欣然接受原子论的原因。

在思考了天体的形成后，伊壁鸠鲁转向了我们现在归为气象学范畴的话题——雷声、闪电、冰雹、雪等等。他认为，雷声可能是由云层内部的风翻滚而形成的，当然他也想过许多其他的解释；闪电可能是云层中的原子互相摩擦而产生的火花，也可能是云层中的某一部分被压缩得太紧而造成的。伊壁鸠鲁坦率地表示，自己不确定，也不知道所有问题的答案。就像现今一位优秀的科学家所做的，他只是提出假设，这些假设对他观察到的事物有相对合理的解释。比如，他认为我们之所以先看见闪电后听见雷声，可能是因为闪电的速度更快，即光速比声速快。他在解释事物时，通常会把事物放在人们能够理解的语境中。在适当的条件下摩擦两根棍子能生火，因此像火一样的闪电也可能是云层中某些东西一起摩擦的产物。伊壁鸠鲁虽然不确定，但他对这种解释充满自信，认为这种解释就是真理。这当然比神话故事合理得多——闪电出现是因为宙斯大发雷霆，你看到闪电，意味着神灵不高兴了。正如伊壁鸠鲁所说："闪电也可以是其他原因造成的，只是你别再跟我提神话故事了！"

因此，对这类自然现象的研究，可以让我们不再幻想事物是如何产生的。伊壁鸠鲁在信中向他的朋友阐明了这点：

匹索克勒斯，如果你能记住这些各种各样的观点，你基本就能远离宗教迷信，还能领悟出更多。

所有这一切似乎把伊壁鸠鲁塑造成了一个具有反宗教色彩的人物。几个世纪以来，伊壁鸠鲁主义者经常被认为是无神论者，而且许多当代的崇拜者被伊壁鸠鲁学说所吸引，也是因为他们将伊壁鸠鲁哲学视作无神论的哲学。事实上，伊壁鸠鲁并非否认神灵的存在。伊壁鸠鲁否认的是神灵对整个宇宙的日常运作起到重要作用。伊壁鸠鲁认为，神灵存在的关键特征之一，是幸福，这跟管理某些事情所带来的压力和紧张简直是不搭界的，更不用说管理整个宇宙了。也就是说，幸福跟传统希腊观点中那些有仇必报、有事没事就爱吵架的神灵是不搭界的。

那么，伊壁鸠鲁眼中的神灵是什么样的呢？他们是幸福而不朽的。“神确实是存在的，”他写道，“但并不是大家想象的那样。”大概是料到了有人会因此给他扣上什么帽子，他决定先发制人，继续写道：

不信教的人不是破坏群众信仰的人，而是

把那些群众信仰强加在神灵身上的人。

群众的繁杂观点最终可以归结为：神灵基本跟普通人差不多，他们也会发怒、行骗，甚至跟家人闹翻；但是，他们比普通人的权力更大，所以他们能奖励善行，惩罚恶行。伊壁鸠鲁认为，这些行为都不恰当，违背了他眼中神灵之所以为神灵的基本特征，也就是那种平静的状态。

那么，伊壁鸠鲁眼中的神灵是什么样的？他们又住在哪里？伊壁鸠鲁承认万物是由原子构成的，这意味着那些神灵跟其他事物一样，由相同的物质构成。卢克莱修认为神灵具有"脆弱的天性"，而且是"几乎隐形的"。神灵的家远离人类生活的世界，与人类社会完全无关。我们不必感谢他们创造了这个世界，因为他们压根没创造。卢克莱修认为，但凡掌握点儿地理常识，就应该知道地球明显不是为了方便人类获益而创造的，因为"炎热的天气和常年不化的冻土层几乎剥夺了人类三分之二的生存空间”。

所以，神灵确实存在，但只存在于我们无法企及的脆弱世界里。他们没有创造我们的世界，对我们的世界也不感兴趣。相反，他们生活在无忧无虑的平静之中。贺拉斯对伊壁鸠鲁的观点进行了总结，具体如下：

据我了解，众神过着平静的生活，如果大自然创造了奇迹，那么众神就不会从高耸入云的家里向我们发来愤怒的讯息。

退一步讲，所有这一切听起来都像是幻想，尤其是这些话来自一个声称要用自然主义来描述物理世界的人。证据呢？显然，伊壁鸠鲁没有为这些平静的存在找到直接的证据。但他的物理法则让他有理由相信神灵存在于某个地方。如果宇宙是无限的，也就意味着，无限的虚空包括无限的原子，那么，每一种有可能存在的原子组合都会存在于某个地方。所以，就会有各种各样的星系，每一种星系都是略有不同的原子组合而成的产物。其中总有一个地方是伊壁鸠鲁口中的众神的家。

不管你怎么想，伊壁鸠鲁对人们的指引原则自始至终都是过上安宁和平静的生活。他口中的神灵不爱管人类的闲事，那么我们也不必害怕神灵会在今生或其他时候降罪。不过，神灵也展示了一种令人向往的平静图景。伊壁鸠鲁认为宇宙中最高级的生命享受着一种平和自在、无忧无虑的生活。他相信我们也能实现。

现在很少有人会担心宙斯因复仇而大发雷霆，那我们从中能学到什么呢？这件事的中心思想是，许多恐惧和忧虑是因为我们对世界的运作了解得不够全面，不够清晰。通过研究自然，我们就会知道，世间种种都不过是寻常的物理过程自行运作的结果。没有什么所谓的悲剧、灾难或惩罚，只有客观的事物在客观地运动，而这件事没什么可怕的。真正糟糕的只有痛苦，而伊壁鸠鲁对此有独家的疗愈方法。

第六章

别害怕死亡

虽然谁也无法确切得知死亡会在什么时候、以什么方式来临，但我们心知肚明，人终有一死。从许多层面来说，死亡都是一件最重要的事，没有之一。正因为会死，人才被称为“凡人”。死亡限制了生命的长度，给人生带来了紧迫感。死亡的不可预知性也会让我们感到焦虑。这正是接下来本章要讨论的问题。

菲洛德穆在他的《四重疗法》中称，我们不该担心死亡。伊壁鸠鲁本人更是直截了当地表示：“死亡对我们来说毫无意义。”这是伊壁鸠鲁的重要哲学思想，说明早在古代就有人因死亡而焦虑，而且这种焦虑急需缓解。伊壁鸠鲁在《致美诺寇的信》中讨论了这个问题，卢克莱修在他的哲学长诗中补充了更多的论据，而菲洛德穆又在一篇专题论文中对这个问题做了完整的论述。

让我们从伊壁鸠鲁说起。伊壁鸠鲁的核心思想正如我们了解的那样——快乐是唯一的好事，痛苦是唯一的坏事。快乐和痛苦都是我们通过感觉体验到的。那死亡是什么？死亡是感觉的缺失。从定义上讲，一个死去的人没有感觉，什么都体验不到。如果死亡是失去感觉，那么死亡既不包含快乐也不包含痛苦，所以它既不好也不坏。如果死亡既不好也不坏——死亡只是失去所有的感觉——那就没什么可害怕。

可问题在于，我们无法理解“自己不复存在”这种说法，毕竟这种说法挺微妙的。没有“我们”不存在的说法，因为我们不存在的话，就意味着世界上没有“我们”。我们永远不会处于死亡的状态下，因为死后我们就不会再处于任何状态里了。要是有人提出“我死后会发生什么事？”这种问题，就说明他压根没有认识到，人死后就没有“我”这个事实。没错，死亡就是一切的终结。如果有某种死后的存在，那就意味着我们现在称之为死亡的事件不是真正的死亡，而仅仅是一个转变的时刻——转换到死亡后，我们将以意识继续存在于世。但伊壁鸠鲁没有花时间细想这些。他认为，我们是由物理原子构成的肉身，当人类的身体凋亡、原子离散时，我们就彻底完蛋了。

死亡降临时，不再有所谓的“我”去体验任何一件事，体验任何一件既不是好的也不是坏的事，因为它既不涉及快乐也不涉及痛苦。但是，我们又一次陷入尴尬的语境：当没有人去体验任何事时，“什么都没有体验”这句话有意义吗？

伊壁鸠鲁认为，抓住这个关键点，会立即让我们的生活变得更愉快。他写道：

> 对于一个真正认识到死去没有什么可怕的人来说，活着更没有什么可怕的。

伊壁鸠鲁的思路是这样的——平日里你真正害怕的是什么？可能是饥饿、贫穷，也可能是疾病或暴力袭击。你害怕的是那些你认为可能会伤害你的东西，甚至担心它们会要了你的命。在某种程度上，这是对身体疼痛产生的一种本能的恐惧，但归根结底还是对死亡的恐惧。鉴于先前给出的理由，如果死亡没什么可怕的，那么这些让你恐惧的事也不值得你去害怕。在你活着的时候，你身上能发生的最糟糕的事是什么？是死亡。如果死亡都不值得担心，那么这些令你害怕的事也不应该给你造成困扰，至少无法经常困扰你。

关于这一点，怀疑论者可能会说，我们对这些东西——饥饿、疾病、暴力攻击，甚至死亡本身——产生恐惧心理，很大程度上是由于它们伴随着痛苦。即使我们认为死亡不存在，死亡是不值得关注的，我们还是可能深切地关注着死亡过程中身心所承受的痛苦。伊壁鸠鲁当然承认这一点。毕竟，对他来说，痛苦是唯一的、真正的坏事。那么他会如何回应这种担忧呢？

我想，他会用两种方式回应。第一种回应，正如我们前面看到的，肉体的疼痛通常分为两大类：轻微的或短暂的。轻微的持续疼痛，虽然让人不爽，但还能忍，大多数人就是这样忍耐，也没抱怨太多。伊壁鸠鲁认为，剧烈的疼痛通常是短暂的。如果疼痛真的很剧烈，并持续了一段时间，这可能意味着有个东西要了结自己，还会要了我们的命。在这两种情况下，不管我们遭多少罪，一般都会被同时期所经历的各种快乐抵消，即使我们可能经常低估这些快乐的分量。

第二种回应，尽管肉体的痛苦确实很糟糕，但远远不及心理的痛苦。伊壁鸠鲁认为，对死亡的恐惧可能远远超过绝症所带来的疼痛，这对我们来说可能真的，因为我们已经从现代的姑息治疗[1]中获得了各种好处。这跟饥饿很像：禁食和节食的行为证明，人可以忍一时饥肠辘辘，但忍不了一辈子喝西北风。肉体上遭点儿罪尚可忍受，但心里的苦是很难治愈的。

卢克莱修重申伊壁鸠鲁的观点：我们不该

1. 肿瘤防控体系的重要环节，强调改善病人的症状和减轻疼痛。

拿死亡当回事。他强调，对死亡的恐惧往往产生于没有真正地理解我们将不复存在的事实。只有当我们存在于世时，才有机会受苦，而死亡意味着我们不复存在。正如他所说：

离世之人是谈不上受苦的，他与未生之人别无二致。

卢克莱修还提出，我们总是忽略自己出生前是不存在的这个事实。事实上，在绝大部分人类历史的长河里，我们都不曾存在，更不用说整个宇宙历史了。这样的事实基本不会让人焦虑到半夜睡不着觉。我们显然能接受自己不存在的事实。既然我们都不怎么在乎生前之事，那么为什么要看重身后之事呢？

其实，比起出生前，人们更关心去世后的一个原因可能是，它剥夺了人们现有的生活以及随之而来的所有可能性。换句话说，我并没有错过出生前的任何一件事，因为如果早一年出生，我就不是现在的我了。可是，死亡会让我错失很多机会。如果我能活得再久一点儿，我就有机会亲证各种各样的事。换言之，即使我接受伊壁鸠鲁的观点——不把死亡当回事，我还是会在意自己的寿命到底有多长。对于未来那种抽象的、不存在的状态，我永远不会经历，可能就不会产生疑问。三四十年后离开人世并不会让我产生什么焦虑感，但“下周大限将至”的消息会把我折磨得够呛，尤其是想到自己还有几十年的福没享到的时候。

古代的伊壁鸠鲁主义者也注意到了人们的这种担忧。我们在菲洛德穆的《论死亡》一书中找到了相关的论述——《论死亡》是菲洛德穆的著作，是从赫库兰尼姆城那些烧焦的莎草纸卷轴碎片中修复出来的。菲洛德穆认为，最重要的是生活的质量，而不是数量。毕竟在任何一种情况下，长命百岁都算不上是一种祝福，如果要说的话，长寿是特别悲惨的。那种认为长寿比短命要好的想法，实在是太单纯了。为了让自己的观点更经得起推敲，菲洛德穆借鉴了伊壁鸠鲁对快乐分为不同类型的描述。或许你会想到，生活的目标是达到一种静态的快乐，实现不饿肚子的满足感。这种快乐是完整的，而且不能通过添加更多动态快乐来改善。当有人达到了这种满足的状态，那就是最好的状态了——事物处于尽善尽美的状态中。如今，不论这种满足感持续五分钟还是五十年，差别都不大，因为我们能享受到的，无非是当下的满足感。满足感可定性，而不可定量。无论满足感持续多长时间，它都不会给我们的经验增加厚度，从这个意义来说，满足感不会使我们当下的经验变得比之前还好。如果你随时随地能获得这种满足感，那么无论你能活多久，你的生活都会完满。菲洛德穆写道，我们可以“像从永恒中获益那样，从日常生活中获益”。伊壁鸠鲁也提出：“在无限的时间中未必就比在有限的时间中获得更多的快乐。”与其浪费我们的精力去担心死后会发生什么，我们能活多久，或者我们可能会错过什么，伊壁鸠鲁主义更主张我们把注意力放在享受自己拥有的生活上，毕竟我们只能活在当下。正如贺拉斯的名言，我们应该“珍惜当下”（carpe diem[1]），别把宝贵的时间都花在担心明天的事上。本章的最后一段，应该留给伊壁鸠鲁亲口说出的振聋发聩的警示：

人的生命只有一次。人没有重生的机会，而且在永恒的世界里，人是早晚会消失的。你没有能力去控制明天，但你能决定是否延迟自己的快乐。如果生活因拖延而毁于一旦，那我们每个人其实都死在自己的手里。

1. 拉丁语：抓住当下，及时行乐。

第七章

万物皆可『原子化』

我们不止一次提过伊壁鸠鲁是原子论者这件事。的确，原子论是他整个哲学的根基。原子论是一个极其简单的理论，旨在解释世界上的所有事物——不光解释肉体，还要解释心灵、感知的机制、秩序如何从混沌中来，以及人类文明的兴衰。这一切都被卢克莱修写进了他壮丽的哲学长诗《物性论》中。正如我们先前了解的那样，我们对卢克莱修本人的了解甚微，只知道他生活在公元前一世纪，可能是那不勒斯湾附近的伊壁鸠鲁团体的一员，跟菲洛德穆和维吉尔是同时代的学者。

到了中世纪，卢克莱修的诗集只保留下来寥寥几本。在那个年代，卢克莱修的哲学长诗无人问津。直到十五世纪，教皇秘书出身的书商波焦·布拉乔利尼在德国南部的某个修道院中发现了卢克莱修的作品后，他的哲学长诗才重见天日。波焦在第一时间将这本书寄给了他在佛罗伦萨的朋友，这位朋友又将这本书的副本分发出去，这才使得文艺复兴时期的人们对伊壁鸠鲁学说产生浓厚的兴趣。可惜的是，波焦弄丢了他最初发现的手稿，但好在有两份早期的副本留存至今——可以追溯到九世纪，现存于莱顿大学[1]图书馆。

从许多层面来说，卢克莱修的哲学长诗都是一部古怪的作品——一首写给女神的诗，用的全是自然主义的表达。直到有人从赫库兰尼姆城中残余的莎草纸卷轴中修复了伊壁鸠鲁《论自然》的一些文本后，才有学者证明卢克莱修一直密切关注着伊壁鸠鲁的作品，还用拉丁文的诗句如实地描述伊壁鸠鲁的思想。卢克莱修对伊壁鸠鲁的原子论进行了全面的阐述，而这一学说源于古希腊哲学家德谟克利特提出

---

1. 位于荷兰莱顿市，世界著名大学。

的早期原子论。早期原子论的基本思想是，所有存在的物质都是由原子构成的，原子就像大自然的积木，在无限的空间里运动。卢克莱修的描述具体如下：

诸原子，以各种方式碰撞到一起，它们用自身的重量扫过无限的时间，以各种可能的方式聚集在一起，并以组合的方式形成世间万物。

原子具有不可毁坏的（原子［atom］的字面意思便是“不可分割的”）特性，原子既不能被创造，也不能被毁灭。原子具有各种各样的形状，这有助于解释自然界各种各样的物理元素。原子有重量，但没有颜色、味道或气味，我们之所以能看到颜色、尝到味道、闻到气味，是因为我们的感官和构成物体的原子相互作用。

卢克莱修毫不犹豫地用原子之间的相互作用对人类生活的方方面面进行解释。我们已经了解到，他对死亡的理解，就是肉体的原子序列被破坏，才导致生命消亡。我们的精神生活和感知也可以简单地用原子运动来解释，就像唯物主义哲学家今天仍在努力做的那样。例如，之所以有不同的味道和气味，是因为不同形状的原子拥有不同的质地。卢克莱修表示："甲之蜜糖乙之'黄连'，那一定是因为甲吃进嘴里的物体是由最光滑的颗粒构成的，而乙咽下去的物体是由粗糙不堪的颗粒构成的。"这也解答了为什么有些植物对人类有毒，却对其他动物无毒，以及为什么一个人生病时尝不出食物之前的味道。尽管卢克莱修没有将所有细节都捋清楚，但他坚信，原子论有朝一日能把我们存在的各个方面分析得井井有条。

为了了解卢克莱修的学术抱负，我们有必要关注他所说的宇宙历史，从宇宙的形成，到地球生命的起源，再到人类文明的兴衰。贯穿他整个学说的主题是：所有事物无论大小，都会经历被创造和被毁灭这两件事。他认为，尽管原子不可毁坏，但由原子构成的一切都是可变的，而且都会在某个时间点分崩离析。即使是天和地，也是在某一个特定的时间点上形成的，最终也会遭到毁灭。万物处于一种永恒的变化中，而这是无休止的原子运动的产物。被某些人奉为神灵的太阳，也会随着一道道光芒的放射而逐渐消散，“因为一道接着一道的火焰会接连不断地消失，太阳也会受到时间的影响，而并非拥有永恒的本质”。

如果原子构成的万物都是可变的，而且最终都会覆灭，那么万事万物都是在某一时刻被创造出来的。卢克莱修认为，我们生活的世界是在相对较晚的时间点被创造出来的。这个世界是在偶然的、毫无计划的原子相互碰撞之下形成的。在原子相互碰撞的过程中，土地和空气由于各自不同的重量而分离开来，土地形成我们的星球，空气形成大气层。卢克莱修试图还原这个过程：

环绕的火焰和太阳的光束日复一日、持续不断地轰炸着地球，把地球的外壳压缩得越来越小，以至于地球缩成了中等大小，其内在也因此凝聚得格外紧密。

在我们看来，以上这些毫无疑问都是推断，但卢克莱修的语句间透露的“现代性”可能会给那个时代的人带来不安的情绪。他也意识到自己掌握的知识有限，还一口气对天体运动、日食月食等进行了一系列有眉有眼的概述，得出了简单的结论，认为“超出我们认知范围”的说法才最有可能是真的。就像我们想的那样，卢克莱修有时会提出一些离谱的想法，比如，他声称太阳就像我们看到的那么大。然而，目前关于恒星和行星产生和毁灭的理论粗略的形式，就是由这位两千多年前的伊壁鸠鲁派诗人率先提出的。如果卢克莱修的哲学长诗的确是以伊壁鸠鲁的《论自然》为基础写成，那么这份功劳应该算到伊壁鸠鲁身上。

行星形成后，地球上才出现生命，首先出现的是植物，然后动物也出现了。卢克莱修认为，在地球历史的早期，“许多物种肯定都集体灭绝了”，那些幸存下来的物种“要么靠脑子，要么靠体力，要么靠速度”，而那些不具备这些优势的物种“对其他物种而言，就成了活靶子和唾手可得的猎物”。简而言之，他想表达的是，适者生存。动物物种发展的偶然性和随机性，只不过是一场场随机的原子运动在不断地重复，而这些原子运动蕴藏着比自身规模还大的物种变迁过程。

早期的人类与史前动物同属一个时代，他们可比现代人类粗野多了，像野兽一般过着游牧生活。他们那时甚至还不知道如何使用火。卢克莱修接着描述了人类文明的起源：人类开始建造棚屋，给自己穿上兽皮，使用火，组建家庭，等等。他们为保全家庭或家族而结成联盟。倘若他们没有做这些事：

……人类这个物种将沉溺于历史长河中，无法繁衍生息，传宗接代，更不用说生存至今。

其次是语言的发展，接着是城市、私人财产的出现，以及法治的发展。为了理解身处的世界，尤其是天象，原始人类创造了各种神灵的形象，紧接着就结成宗教组织。

人类历史上的重要时刻，是发现了铜和铁。卢克莱修对于原始人类如何使用火来冶炼金属，进行了一番深度的揣测。不过，这番推断的重点在于，普罗米修斯没有从众神那里偷来火种，神话里都是骗人的。这一切都可以用自然主义的理论来解释。人类的艺术随着时间的推移逐渐地发展起来，早期人类通过试验、犯错和经验摸索前进的道路。艺术作品的出现也不需要神灵的启示：鸟鸣启发人类去歌唱，而风吹芦苇促使第一批乐器诞生。

卢克莱修在研究人类发展历史的过程中，得出了一个结论——自己身处的时代映射出了一定的偶然性和随意性：

……昨天还身披兽皮，今天就穿金戴银了——像这样华而不实的小玩意儿会使人类的生活充满愤懑，让人们把生命浪费在战争上。

用伊壁鸠鲁的话来解释，原始人类是为了保暖才身披兽皮的，这完全是本能且必要的欲望。问题是，如果我们把这种欲望转移到罗马将军、执政官，以及后来的皇帝身上的华丽长袍上，就会误以为“穿金戴银”也是必要的，但实际上并不是这样。这个误会导致：

……人类总是为那些无意义的、无关紧要的事牺牲，由于不知道获得和增加真正快乐的限度在哪儿，人们在徒劳的担忧中消磨生命。

正如我们看到的那样，卢克莱修对人类文明的起源和发展的描述中充满了实际的原则；同时有效地服务于伊壁鸠鲁主义的多个目标，并剔除了那些超自然的解释——这类解释本身没必要存在。而且，卢克莱修的作品突出了现代文明的面貌从何而来，还强调现代文明形成过程中的偶然性。这么做，可以提醒我们哪些事物是为了满足人类的实际需要而发展起来的，而哪些事物只是没多大必要的面子工程。

为了避免读者忘记，卢克莱修经常在文本中插入提示，于是就有了下面这首融合了宇宙学和人类学的诗歌，就像人类基本生活的指南：

> 倘若一个人用真正的哲学来引导自己的生活，那么他将在平和朴素的生活中发现充足的财富。

这句话让我们回到了伊壁鸠鲁学说的核心思想：简单的生活与平和的心态。我们从卢克莱修身上学到的是，在过上简单的生活、达到平和的心态之前，我们得用冷静的、科学的角度去理解世界运作的方式。只有这样，我们才能知道过上好日子到底需要什么，以及如何摆脱那些时常烦扰我们的无端恐惧。

结语

跟其他人一样，伊壁鸠鲁最终也不得不直面自己的死亡。有古代资料显示，伊壁鸠鲁人生的最后阶段满是疾病与伤痛。对一个将痛苦视为真正坏事的人来说，这无疑是一场攻坚战，而且是必须完成的任务。他无法从超自然学说中获得任何安慰，也没有什么高尚的道德价值等待兑现，他只能守着现实中不断产生剧烈疼痛的肉体。然而，古代资料中的内容让我们脑海里浮现一幅画面：一个饱受肉体折磨的人表现得风轻云淡，哪怕他即将面对自己生命的大结局。我们已经了解到，死亡本身不足以困扰他，但死亡带来的痛苦就未必了。他是如何应对这种痛苦的？这个问题，我们可以从伊壁鸠鲁本人那里得到答案，他在一封写给朋友、也是自己的追随者伊多梅纽斯的信中，是这么说的：

在这个充满喜悦的日子，也是我生命的最后一天里，我给你写了这封信。痛性尿淋沥和痢疾让我苦不堪言，没有什么能比这更痛苦了；可当想起我们过去的谈话，我内心欢喜得很，顿时觉得不那么痛苦了。

与好朋友在一起的开心回忆，足以治愈伊壁鸠鲁在生命最后时刻所遭受的肉体痛苦。那些目睹他在最后关头如何应对死亡的同伴，无一不对此事印象深刻，他们对伊壁鸠鲁的离世致上了崇高的敬意。伊壁鸠鲁诞辰的纪念仪式和他高高矗立的雕像表明，早期伊壁鸠鲁主义者对伊壁鸠鲁人格的崇敬，丝毫不亚于对他的谆谆教诲的钦慕。尽管伊壁鸠鲁学说到了中世纪已经基本没落，但在十五世纪，伊壁鸠鲁的书信、格言又回到人们的视野中，这份功劳要归于第欧根尼·拉尔修所做的记录，以及卢克莱修的《物性论》。第欧根尼·拉尔修的手稿从拜占庭流传到意大利，还被僧侣安布罗焦·特拉维尔萨里翻译成拉丁文。从那时起，伊壁鸠鲁主义哲学的追随者就有了“正规编制”，尤其是到了十七世纪的科学革命时期，而科学革命正是建立在伊壁鸠鲁原子论的基础上的。尽管伊壁鸠鲁主义一贯以感性主义和无神论著称，但天主教神父皮埃尔·加森迪仍然对其推崇有加。为了让早期的现代基督徒接受伊壁鸠鲁主义的观点，他特意对原子论和快乐主义的内容进行修改。还有一位非常与众不同的伊壁鸠鲁主义崇拜者，青年时期的卡尔·马克思，他的大学学位论文写的就是跟伊壁鸠鲁主义哲学相关的主题。马克思欣赏的则是伊壁鸠鲁的理性主义和唯物主义学说，以及反宗教迷信的辩论。他写道：

哲学，只要还有一滴血在它那颗要征服世界的、绝对自由的心脏里跳动，就永远不会厌倦用伊壁鸠鲁的呐喊来回应对手。

近年来，人们出于各种各样的原因迷上伊壁鸠鲁学说，尤其是因为这个学说跟现代科学所弘扬的世界观不谋而合。不过，不管人们对伊壁鸠鲁主义哲学的认同程度如何，古代伊壁鸠鲁主义者讨论的许多问题仍然能与我们所处的时代挂钩，哪怕这些问题是当时他们在古代雅典城郊的一个私人花园里提出来的。

拓展阅读

伊壁鸠鲁的三封信，他的作品集《基本要道》（*Key Doctrine*），以及一篇关于他的古代传记，都可以在第欧根尼·拉尔修《名哲言行录》（*Lives of the Philosophers*）的第10卷中找到。其中大部分内容，连同以伊壁鸠鲁的口吻写成的《梵蒂冈馆藏格言集》（*Vatican Sayings*）的一部分一起被收录在《幸福的艺术》（*The Art of Happiness*，Penguin，2012年）当中，这本书由G. K. 斯特罗达赫（G. K. Strodach）译成。另一部推荐阅读的作品集是布拉德·伊伍德（Brad Inwood）和L. P. 格尔森（L. P. Gerson）主编的《伊壁鸠鲁读本》（*The Epicurus Reader*，Hackett，1994年）。

卢克莱修的哲学长诗已经被人翻译过很多次。1951年，企鹅出版社（Penguin）首次出版了由R. E. 莱瑟姆（R. E. Latham）翻译的版本（本书引用该版本），如今这个版本已经较为久远，你可以阅读最近出版的另一个译本：由A. E. 斯托林斯（A. E. Stallings）翻译的《物性论》（*On the Nature of Things*, Penguin，2007年）。关于《物性论》在文艺复兴时期重现于世的故事，你可以参考S. 格林布拉特（S. Greenblatt）的《急转弯：文艺复兴是如何开始的》（*The Swerve : How the Renaissance Began*, Bodley Head, 2011年）一书。

菲洛德穆的许多作品目前也都有英译本，包括W. B. 亨利（W. B. Henry）翻译的《论死亡》（*On Death*，Society of Biblical Literature，2009年）。至于对在赫库兰尼姆城发现的莎草纸卷轴所做的优秀插图说明，请参见D. 赛德（D. Sider）的《位于赫库兰尼姆城别墅的莎草纸卷轴图书馆》（*The Library of the Villa dei Papiri at Herculaneum*, Getty Publications，2005年）。

与贺拉斯《讽刺诗集》（*Satires*）相关的内容，推荐阅读他的《书信集》（*Epistles*）以及由N.拉德（N. Rudd）翻译的佩尔西乌斯的《讽刺诗集》（*Satires*, Penguin，1979年）。如果想了解贺拉斯笔下的伊壁鸠鲁，可阅读S.约纳（S. Yona）的《贺拉斯笔下的伊壁鸠鲁主义伦理学》（*Epicurean Ethics in Horace*, Oxford University Press，2018年）。

奥诺安达的第欧根尼铭文由M. F.史密斯（M. F. Smith）翻译，并重现于《奥诺安达的第欧根尼：伊壁鸠鲁主义铭文》（*Diogenes of Oinoanda: The Epicurean Inscription*, Bibliopolis，1993年）一书中。

想了解更全面的伊壁鸠鲁主义哲学，可参见T. O'基夫（T. O' Keefe）的《伊壁鸠鲁学说》(*Epicureanism*, Acumen/University of California Press, 2010年), C.威尔逊(C. Wilson)的《伊壁鸠鲁学说:一个极短的简介》(*Epicureanism: A Very Short Introduction*, Oxford University Press, 2015年)。另外,想了解这个时期更广泛的哲学背景,可以考虑一下本人的《希腊化时期的哲学》(*Hellenistic Philosophy*, Oxford University Press, 2018年)。

伊壁鸠鲁学说中有关哲学疗愈的内容,可参考M.努斯鲍姆(M. Nussbaum)的《欲望的疗法:希腊化时期伦理学的理论与实践》(*The Therapy of Desire: Theory and Practice in Hellenistic Ethics*, Princeton University Press, 1994年), V.楚纳(V. Tsouna)的论文《伊壁鸠鲁主义的疗愈攻略》("Epicurean Therapeutic Strategies")以及J.沃伦(J. Warren)主编的《剑桥伊壁鸠鲁主义研究指南》(*The Cambridge Companion to Epicureanism*, Cambridge University Press, 2009年)。关

于现代人能从伊壁鸠鲁学说中学到什么，可参见 C. 威尔逊的《如何成为伊壁鸠鲁主义者》（*How to Be an Epicurean*, Basic Books, 2019 年）。

参考文献

前言

歌德在《歌德的特性》(*Characteristics of Goethe*, London, 1833年)的第1卷第99页中，提到了“有些人的气质一半是伊壁鸠鲁主义，一半是斯多葛主义”的观点。艾伯特·埃利斯(Albert Ellis)在很多地方提到了伊壁鸠鲁，包括在他和罗伯特·哈珀(Robert Harper)合著的《理性生活指南》(*A Guide to Rational Living*, Chatsworth, CA: Wilshire, 1997年)的第5页。

第一章　用哲学疗愈

“哲学家的话语……”引自波菲利(Porphyry)《致玛塞拉的信》(*To Marcella*)的第31节。关于伊壁鸠鲁生活方面的细节，出自第欧根尼·拉尔修那本传记的第10卷第1—29节。老普林尼所说的关于罗马人崇拜伊壁鸠鲁的事实，出自《自然史》（*Natural History*）第35卷第2章第5节。涉及奥诺安达的第欧根尼的段落都出自M. F. 史密斯的《奥诺安达的第欧根尼：伊壁鸠鲁主义铭文》（*Diogenes of Oinoanda: The Epicurean Inscription*，Naples：Bibliopolis，1993年）的第3残篇。“不要因为年轻就……”以及随后的引文来自《致美诺寇的信》的第122节。艾伯特·埃利斯在温迪·德莱登（Windy Dryden）主编的《理性情绪行为疗法》（*Rational Emotive Behaviour Therapy: A Reader*，London: Sage，1995年）的第1—2页提到了伊壁鸠鲁主义、斯多葛主义和佛教。涉及梅米乌斯和伊壁鸠鲁故居废墟的内容，可参考西塞罗写给梅米乌斯的信，即《致友人书》（*Letters to Friends*）第13卷的第1封信。“驱散心头的恐惧与阴暗的心情……”来自卢克莱修《物性论》（*On the Nature of Things*）第1卷第146—148行（在第2卷第

59—61 行，第 3 卷第 91—93 行，第 6 卷第 39—41 行也都出现过）。维吉尔的“知晓万物起源……”出自他的《农事诗》（*Georgics*）第 2 卷第 490—492 行。

第二章　走上内心平静之路

贺拉斯说自己“又肥又壮……”的内容出自他的《书信集》（*Epistles*）第 1 卷第 4 首。古人对伊壁鸠鲁的评价见第欧根尼·拉尔修《名哲言行录》（*Lives of the Philesophers*）第 10 卷第 6—7 节。伊壁鸠鲁的话“当出于欲望而产生的痛苦……”出自《基本要道》（*Key Doctrine*）第 18 条，而“快乐本身并不坏……”出自《基本要道》的第 8 条。贺拉斯的“至上的快乐……”出自《讽刺诗集》第 2 卷第 2 首第 19—20 行。“反之……”出自《致美诺寇的信》第 132 节；“与志趣相投的人在一起……”出自《致美诺寇的信》第 135 节。

第三章　这就是你需要的

伊壁鸠鲁对欲望类型的划分参见《致美诺寇的信》第127—128节。贺拉斯的“没有什么所谓的足够……”出自《讽刺诗集》(*Satires*)第1卷第1首第61—63行;“难道你宁愿半死……”出自第1卷第1首第76—78行。“大自然的财富……”出自《基本要道》第15条;“懂得美好生活……”出自第21条。伊壁鸠鲁的“对一个不知足……”出自《梵蒂冈馆藏格言集》(*Vatican Sayings*)的第68条。他提到面包和水的观点可以参考第欧根尼·拉尔修《名哲言行录》第10卷第11节,“学会分享……”来自《梵蒂冈馆藏格言集》的第44条。“自由的人……”也来自《梵蒂冈馆藏格言集》,第67条。

第四章　友谊让人快乐

伊壁鸠鲁对友谊的思考都记录在《梵蒂冈馆藏格言集》中。涉及朋友的帮助和对友谊自信的内容可参见第34条;将友谊变成商业交易具有风险的观点在第39条。贺拉斯关于友谊的反思见《讽刺诗集》的第1卷第3首；“心地善良的朋友们……”出自第1卷第3首第139—141行。“友谊在全世界起舞……”出自《梵蒂冈馆藏格言集》的第52条。

第五章 研究自然大有裨益

伊壁鸠鲁的话“如果一个人……”出自《致匹索克勒斯的信》第96节，“闪电也可以……”出自第104节，“匹索克勒斯，如果你……”出自第116节。“神确实是存在的……”出自《致匹索克勒斯的信》第123节，“不信教的人……”也出自此处。卢克莱修对神灵的评价，出自《物性论》第5卷第146—155行；“炎热的天气……”出自第5卷第204—205行。贺拉斯的“据我了解……”见《讽刺诗集》第1卷第5首第101—103行。

第六章 别害怕死亡

伊壁鸠鲁有关死亡的思考出自《致美诺寇

的信》第124—127节；“对于一个真正认识到……”出自《致匹索克勒斯的信》第125节。卢克莱修的“离世之人……”出自《物性论》第3卷第867—868行。菲洛德穆写的“像从永恒中获益……”出自《论死亡》(*On Death*)第38栏第18—19行。伊壁鸠鲁的话“无限的时间……”出自《基本要道》第19条。贺拉斯的“珍惜当下”出自《颂歌》(*Odes*)的第1卷第11首。伊壁鸠鲁的“人的生命只有一次……”出自《梵蒂冈馆藏格言集》第14条。

第七章　万物皆可“原子化”

这一章引用的大部分段落来自卢克莱修《物性论》的第5卷。“诸原子……”出自第5卷第187—190行。“甲之蜜糖乙之‘黄连’……”出自第4卷第658—662行。关于天地的诞生与消亡出自第5卷第304—305行(此处略有修改)。“环绕的火焰……”出自第5卷第483—486行，而“超出我们……”

出自第5卷第532—533行。讨论“许多物种……”和“对其他物种而言……”的段落出自第5卷第855—877行；“人类这个物种……”出自第5卷的1026—1027行；“昨天还身披兽皮……”出自第5卷第1423—1424行；“人类总是为……”出自第5卷第1430—1432行；“倘若一个人用……”出自第5卷第1117—1119行。

结语

伊壁鸠鲁写给伊多梅纽斯的信出自第欧根尼·拉尔修《名哲言行录》第10卷第22节。想进一步了解人们后来是如何接受伊壁鸠鲁学说的相关内容，可翻阅H. 琼斯（H. Jones）的《伊壁鸠鲁主义传统》（*The Epicurean Tradition*，London：Routledge，1989年）和C. 威尔逊（C. Wilson）的《现代性的起源：伊壁鸠鲁学说》（*Epicureanism at the Origins of Modernity*，Oxford：Clarendon Press，2008年）。马克思的学位论文出自K. 马克思（K. Marx）

和 F. 恩格斯（F. Engels）《文集》（*Collected Works*, London : Lawrence & Wishart, 1975 年）的第 1 卷；引文摘自第 30 页。

出版后记

哲学可用作治疗，这种古老的观念两千年来持续影响着哲学家，并且惠及大众。纵观其内部，充满与心理学、社会学、物理学、医学相关的“人学”智慧。它提醒人们，要不断追问大问题，不光有利于丰富智识，更能让心灵获益。

在“哲学疗愈”这套丛书中，你将读到来自海内外哲学界专家学者的短篇作品：关于严谨哲学如何拨动人类内心深处的琴弦，解答当下社会发生的实际问题，拨开现象的迷雾，安抚人性的躁动不安，助你走出价值死胡同。在这个意义上，你可以将它视为陪伴指引型的实用锦囊，通过它，找到适用于你自己的幸福生活的尺度。

本书以强调精神平和富足的伊壁鸠鲁哲学为核心，讨论了在消费主义横行、过于崇拜流量的现代,“花园”里清静、友好的生活法则仍是启示。读罢,我们一来认识到智者对于物质的思考往往相通,例如孔子的“士志于道,而耻恶衣恶食者,未足与议也”;二来感到意犹未尽,无论是伊壁鸠鲁主义者留下的只言片语,还是作者抛砖引玉式的写法。当书中谈及欲望、友谊和死亡等问题时,我们的胸中也波澜澎湃,想要立马提笔写下几句读后感或者宣言。因此,我们在书中随机插入了几页空白,供读者随手摘记。

最后,译者是哲学系出身,也是一位“慢生活家”,从容、幽默、举重若轻,活脱脱的古希腊好奇青年。她将自身的知识和体悟融入翻译,为消除文化隔阂而反复切磋、查实、修订。感谢她的倾力工作。

后浪出版公司

图书在版编目（CIP）数据

如果我们可以不通过消费获得快乐 /（英）约翰·塞拉斯 (John Sellars) 著；修玉婷译. -- 北京：中国友谊出版公司，2022.12（2024.4 重印）
ISBN 978-7-5057-5567-3

Ⅰ. ①如… Ⅱ. ①约… ②修… Ⅲ. ①人生哲学—通俗读物 Ⅳ. ① B821-49

中国版本图书馆 CIP 数据核字 (2022) 第 185670 号

著作权合同登记号　图字：01-2022-0133

The Fourfold Remedy: Epicurus and the Art of Happiness
by John Sellars

First published 2020
First published in Great Britain in the English language by Penguin Books Ltd.

书名　如果我们可以不通过消费获得快乐
作者　[英] 约翰·塞拉斯
译者　修玉婷
出版　中国友谊出版公司
发行　中国友谊出版公司
经销　新华书店
印刷　天津联城印刷有限公司
规格　787 毫米 ×1092 毫米　32 开
　　　　4 印张　50 千字
版次　2022 年 12 月第 1 版
印次　2024 年 4 月第 3 次印刷
书号　ISBN 978-7-5057-5567-3
定价　49.80 元
地址　北京市朝阳区西坝河南里 17 号楼
邮编　100028
电话　（010）64678009